LEVEL
1

사이언스 리더스

조개잡이 해달

로라 마시 지음 | 송지혜 옮김

비룡소

로라 마시 지음 | 20년 넘게 어린이책 출판사에서 기획 편집자, 작가로 일했다. 내셔널지오그래픽 키즈의 「사이언스 리더스」 시리즈 가운데 30권이 넘는 책을 썼다. 호기심이 많아 일을 하면서 책 속에서 새로운 것을 발견하는 순간을 가장 좋아한다.

송지혜 옮김 | 부산대학교에서 분자생물학을 전공하고, 고려대학교 대학원에서 과학언론학으로 석사 학위를 받았다. 현재 어린이를 위한 과학책을 쓰고 옮기고 있다.

이 책은 몬터레이만 수족관의 해달 연구 및 보존 책임자 앤드루 존슨이 감수하였습니다.

내셔널지오그래픽 키즈 사이언스 리더스
LEVEL 1 조개잡이 해달

1판 1쇄 찍음 2025년 1월 20일 **1판 1쇄 펴냄** 2025년 2월 20일
지은이 로라 마시 **옮긴이** 송지혜 **펴낸이** 박상희 **편집장** 전지선 **편집** 임현희 **디자인** 천지연
펴낸곳 (주)비룡소 **출판등록** 1994.3.17.(제16-849호) **주소** 06027 서울시 강남구 도산대로1길 62 강남출판문화센터 4층
전화 02)515-2000 **팩스** 02)515-2007 **홈페이지** www.bir.co.kr **제품명** 어린이용 반양장 도서 **제조자명** (주)비룡소
제조국명 대한민국 **사용연령** 3세 이상 **ISBN** 978-89-491-6908-8 74400 / ISBN 978-89-491-6900-2 74400 (세트)

이 책의 차례

깜짝 동물 퀴즈!

이 동물은 매일 바다에서 헤엄을
치며 놀아. 물속으로 잠수도 잘하지.

냠냠 쩝쩝 먹이를 먹을 때도 물에
둥실둥실 뜬 뒤 누워서 먹어.

꼬리는 고래처럼 납작해.

이 동물은 바로바로…

… 해달이야!

해달은 어떤 동물일까?

해달은 새끼를 낳아 기르는 **포유류**야.

태평양의 차가운 바다에서 살지.

태평양

해달 용어 풀이

포유류: 인간, 개, 호랑이 등 새끼를 낳아 젖을 먹여 기르는 동물.

동물원이나 수족관에서 지내는 해달도 있어. 이곳에서는
바다에서 다쳤거나 병에 걸린 해달을 보살펴 줘.

해달을 지켜보는 건 참 재미있어. 해달은
자기들끼리 함께 노는 걸 좋아한대. 해달이
물속으로 풍덩 잠수한다!

해달의 집은 바다!

야호! 해달이 얕은 바다의 밑바닥으로
내려갔어. **바다풀** 사이를 요리조리 헤엄쳐
다니는 모습이 신나 보인다!

해달은 땅과 가까운 바다에 살아. 조개나
새우처럼 작은 동물을 잡아먹고 살지. 해달이
건강하게 지내려면 많은 먹이와 깨끗한 물이
있어야 해.

바다풀

해달 용어 풀이

바다풀: 다시마, 김, 미역 등 바다에 사는 식물.

사냥하기에 딱 좋은 몸

해달의 몸은 물속에서 사냥하기에 딱 알맞아.

꼬리: 헤엄칠 때
방향을 바꿔.

뒷발: 오리발처럼
물갈퀴가 달려 있어.
덕분에 헤엄도 잘
치고, 잠수도 잘해!

털: 북슬북슬 빽빽하게 나
있어서 몸을 늘 따뜻하게 해 줘.

눈: 물속에서도 잘 볼 수 있어. 그래서 바닷속 먹이를 쉽게 찾아내.

몸통: 길쭉한 몸으로 물속에서 미끄러지듯 헤엄쳐 다녀.

콧구멍: 물속에서 물이 코에 들어오지 않게 닫을 수 있어.

이빨: 튼튼한 이빨로 먹이를 부수거나 뜯어 먹어.

앞발: 먹이를 잡고 느낄 수 있어.

냠냠, 맛 좋은 먹이

새우

가리비

성게

오징어

게

해달은 바다에 사는 작은 동물을 먹고 살아.
조개, 게, 오징어, 새우, 성게……. 먹이의
종류만 40가지가 넘는다니까! 이 중에서
해달마다 특별히 좋아하는 먹이가 따로 있어.
이건 우리랑 비슷한걸?
이 친구는 세상에서
가장 좋아하는
음식이
샌드위치래!

해달은 돌멩이에 조개를 탁탁 두드려서 조개껍데기를
깨트려. 그러고는 알맹이만 쏙 발라 먹지.

해달은 물에 둥둥 떠서 먹이를 먹어. 하늘을 보고 누워서 말이야! 물 밖으로 빼꼼 드러난 배에 먹이를 올리기도 해. 자기 배를 접시처럼 쓰는 거지.

먹이가 단단한 껍데기에 싸여 있어도 괜찮아. 해달은 돌멩이로 껍데기를 부술 줄 알거든.

신나는 목욕 시간!

너는 목욕하는 걸 좋아하니?

해달은 무지무지 좋아해!

목욕은 해달에게 아주 중요해. 털이 깨끗해야

차가운 물속에서도 **체온**을 따뜻하게 지킬 수

있거든.

그래서 해달은 날마다 몇 시간씩 앞발로 털을
깨끗하게 고르고 닦아. 또 물속에서 몸을
휙휙 비틀고 빙글빙글 돌기도 하지. 몸에
묻은 음식 찌꺼기를 씻어
내려고 그러는 거야.

**해달 용어
풀이**

체온: 동물 몸의 온도.

따뜻한 두 겹의 털

후유, 차가운 물속에서 지내는 해달은 얼마나
추울까? 걱정 마. 해달은 어떤 동물보다도
털이 빽빽하게 나 있거든. 게다가 털이 두
겹으로 되어 있어서 추위쯤은 문제없어!

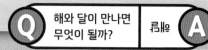

바깥쪽 털은 물이 안쪽으로 스며들지 못하게
막아 줘. 덕분에 늘 보송보송한 안쪽 털이
몸을 따뜻하게 해 준단다.

6 해달에 관한 가지 놀라운 사실

1 해달은 물에 떠내려가지 않으려고 서로 앞발을 잡고 자기도 해.

2 해달은 잠수 천재야! 물속에서 숨을 참고 5분까지 헤엄칠 수 있거든. 사람은 물속에서 보통 1분도 버티기 힘들어.

3 해달은 족제빗과에 속하는 동물이야.

4

해달은 매일 먹이를 5킬로그램 넘게
먹어. 배를 든든히 채우고 힘을 내서
헤엄도 치고 사냥도 하지.

5

해달은 바다에 사는 포유류
가운데 몸집이 가장
작아.

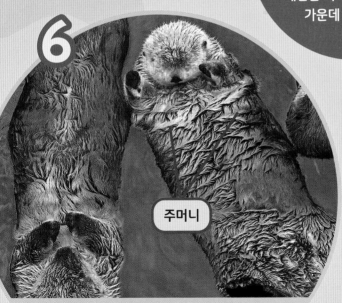

6

주머니

해달의 양쪽 앞다리 밑에는 주머니가 달려
있어. 이 주머니 속에 사냥한 먹이를
잘 모아 둔대.

새끼 해달아, 안녕?

어미 해달은 가슴에 새끼를 살포시 올려놓고 물 위를 떠다녀.

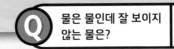

새끼 해달은 물속에서 태어나. 어미는 보통 한 번에 새끼 한 마리를 낳지.

갓 태어난 새끼는 몸길이가 60센티미터 정도 돼. 어린이용 킥보드의 발판 길이와 비슷하다는 말씀!

어미는 새끼에게 물속에서
헤엄치고, 잠수하고, 빙그르르
도는 방법을 알려 줘. 새끼가 좀 더
자랄 때까지는 어미가 사냥을 해서
새끼를 먹이지.

어미 해달이 물속에서 먹이를 찾고 있어.

새끼 해달이 바다풀에 매인 채로 잠들었어. 코오오…….

어미는 사냥에 나서기 전에 새끼를 바다풀에
잘 매어 둬. 먹이를 잡는 동안 새끼가 물살에
떠내려갈까 봐 붙잡아 두는 거야.

다 함께 누워서 둥실둥실!

이야, 해달이 많네! 해달은 무리를 지어 살아. 주로 암컷은 암컷끼리, 수컷은 수컷끼리 모여 지내지. 해달 무리는 물에서 함께 누워 쉬고 털을 다듬어. 먹이도 같이 먹지.

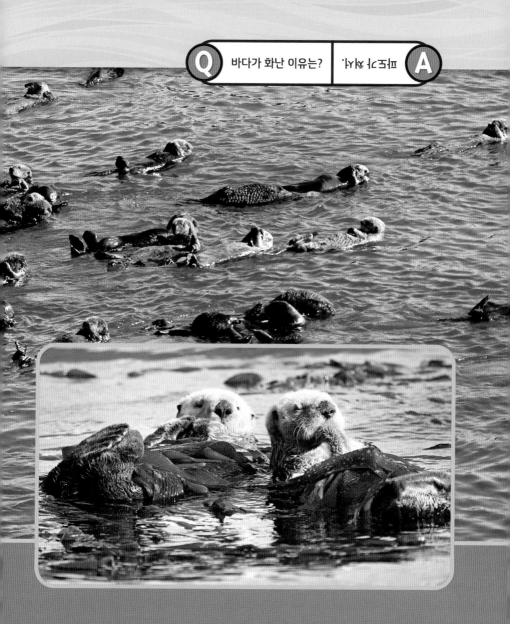

Q 바다가 화난 이유는? **A** 파도가 쳐서!

이쁘이게? 잠도 나란히 누워서 자! 참, 자기 전에는 몸을 바다풀로 둘둘 감아야 해. 쿨쿨 자는 동안 몸이 파도에 휩쓸리면 큰일이니까.

27

해달을 지켜 줘!

과학자들은 해달에 대해 더 많이 알려고 노력하고 있어. 해달이 무얼 먹고, 어떻게 사는지 궁금해하지. 또 병들거나 다친 해달에게도 관심이 무척 많아. 해달들에게 도움을 주려는 거야.

몬터레이만 수족관에서 일하는 한 과학자가 해달의 몸무게를 재고 있어.

그런데 요즘 바다가 **오염**되어서 해달의
먹이와 살 곳이 점점 줄어들고 있대.
해달처럼 바다가 보금자리인
동물들을 위해 바다를
깨끗하게 지켜야겠지?

해달 용어 풀이

오염: 물, 공기, 땅 등이 더러워지는 일.

바다에 기름이 흘러들면 바다가 오염될 뿐 아니라, 바다 동물들의 목숨이 위험해져. 사람들은 이 해달을 기름투성이 바다에서 구조해 돌봤어.

사진 속에 있는 건 무엇?

해달과 관련된 것들을 아주 가까이에서 찍은 사진이야. 사진 아래 힌트를 읽고, 오른쪽 위의 '단어 상자'에서 알맞은 답을 골라 봐. 정답은 31쪽 아래에 있어.

힌트: 해달이 좋아하는 먹이 중 하나야.

힌트: 해달은 이곳에서 살아.

단어 상자

바다풀, 이빨, 앞발, 오징어, 털, 바다

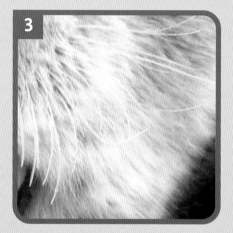

힌트: 이것 덕분에 해달은 차가운
물속에 있어도 춥지 않아.

힌트: 바닷속에서 자라는 식물이야.

힌트: 해달은 이걸로 먹이를 잡아.
돌멩이를 들 수도 있지.

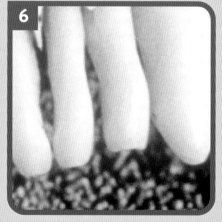

힌트: 해달은 이것으로 먹이를
부수거나 뜯어 먹어.

포유류
인간, 개, 호랑이 등 새끼를 낳아
젖을 먹여 기르는 동물.

바다풀
다시마, 김, 미역 등 바다에 사는
식물.

이 용어는
꼭 기억해!

체온
동물 몸의 온도.

오염
물, 공기, 땅 등이 더러워지는 일.